全国计算机技术与软件专业技术资格（水平）考试指定用书

程序员考试大纲

全国计算机专业技术资格考试办公室　编

清华大学出版社
北　京

内 容 简 介

本书是全国计算机专业技术资格考试办公室组织编写的程序员考试大纲，本书除大纲内容外，还包括了人力资源和社会保障部、工业和信息化部的有关文件以及考试简介。

程序员考试大纲是针对本考试的计算机软件初级资格制定的。通过本考试的考生，可被用人单位择优聘任为助理工程师。

本书封面贴有清华大学出版社防伪标签，无标签者不得销售。
版权所有，侵权必究。举报：010-62782989，beiqinquan@tup.tsinghua.edu.cn。

图书在版编目(CIP)数据

程序员考试大纲/全国计算机专业技术资格考试办公室编. —北京：清华大学出版社，2018(2024.6重印)
（全国计算机技术与软件专业技术资格（水平）考试指定用书）
ISBN 978-7-302-49526-0

Ⅰ. ①程… Ⅱ. ①全… Ⅲ. ①程序设计–资格考试–考试大纲 Ⅳ. ①TP311.1-41

中国版本图书馆 CIP 数据核字（2018）第 029370 号

责任编辑：杨如林　柴文强
封面设计：常雪影
责任校对：徐俊伟
责任印制：杨　艳

出版发行：清华大学出版社
　　　　网　　址：https://www.tup.com.cn，https://www.wqxuetang.com
　　　　地　　址：北京清华大学学研大厦A座　　邮　编：100084
　　　　社 总 机：010-83470000　　　　　　　　邮　购：010-62786544
　　　　投稿与读者服务：010-62776969，c-service@tup.tsinghua.edu.cn
　　　　质量反馈：010-62772015，zhiliang@tup.tsinghua.edu.cn
印 装 者：北京嘉实印刷有限公司
经　　销：全国新华书店
开　　本：130mm×185mm　　印　张：1.5　　字　数：35千字
版　　次：2018年4月第1版　　　　　　　　　 印　次：2024年6月第8次印刷
定　　价：15.00元

产品编号：078144-01

前　　言

全国计算机技术与软件专业技术资格（水平）考试（以下简称"计算机软件考试"）是由人力资源和社会保障部、工业和信息化部领导下的专业技术资格考试，属于国家职业资格考试。人事部、信息产业部联合颁发的国人部发〔2003〕39号文件规定了这种考试的政策。计算机软件考试包括了计算机软件、计算机网络、计算机应用、信息系统、信息服务等领域初级资格（技术员/助理工程师）、中级资格（工程师）、高级资格（高级工程师）的27种职业岗位。根据信息技术人才年轻化的特点和要求，报考这种资格考试不限学历与资历条件，以不拘一格选拔人才。现在，软件设计师、程序员、网络工程师、数据库系统工程师、系统分析师考试标准已经实现了中国与日本互认，程序员和软件设计师考试标准已经实现了中国和韩国互认。

各种资格的考试大纲（考试标准）体现了相应职业岗位对知识与能力的要求。这些要求是由全国计算机专业技术资格考试办公室组织了全国相关企业、研究所、高校等许多专家，调研了很多相关企业的相应职业岗位，参考了先进国家的有关考试标准，逐步提炼，反复讨论形成的。一般的做法是先确定相应职业岗位的工作流程，对每个工作阶段又划分多个关键性活动，对每项活动再列出所需的知识以及所需的能力要求，最后，汇总这些知识要求与能力要求，形成考试大纲。初级与中级资格考试一般包括基础知识与应用技术两大科目；高级资格考试一般包括综合知识、案例分析与论文三大科目。

　　由于考试大纲来源于职业岗位的要求，是考试命题的依据，因此，这种考试已成为衡量考生是否具有职业岗位要求的一个检验标准，受到社会上各用人单位的广泛欢迎。20多年的考试历史也证明，这种考试已经成为我国著名的IT考试品牌，大批合格人员得到了升职聘用，对国家信息化建设发挥了重要的作用。这就是广大在职人员以及希望从事相关建设专业工作的学生积极报考的原因。

　　为适应信息技术以及信息产业的发展，我们将程序员、网络管理员、软件设计师、网络工程师、数据库系统工程师的考试大纲进行了修订，增加了一些较新的知识点，剔除了部分应用较少的知识点，并统一规范了大纲中相同知识的描述。其他级别的考试大纲将会陆续修订。修订后的《程序员考试大纲》于2018年经专家审定通过，并得到上级主管部门批准，本大纲也是今后命题的依据。

　　计算机软件考试的其他有关信息见网站 www.ruankao.org.cn 中的资格考试栏目。

编　者

2018年元月

人 事 部
信 息 产 业 部 文件

国人部发〔2003〕39号

关于印发《计算机技术与软件专业技术资格（水平）考试暂行规定》和《计算机技术与软件专业技术资格（水平）考试实施办法》的通知

各省、自治区、直辖市人事厅（局）、信息产业厅（局），国务院各部委、各直属机构人事部门，中央管理的企业：

为适应国家信息化建设的需要，规范计算机技术与软件专业人才评价工作，促进计算机技术与软件专业人才队伍建设，人事部、信息产业部在总结计算机软件专业资格和水平考试实施情况的基础上，重新修订了计算机软件专业资格和水平考试有关规定。现将《计算机技术与软件专业技术资格（水平）考试暂行规定》和《计算机技术与软件专业技术资格（水平）考试实施办法》

印发给你们，请遵照执行。

自2004年1月1日起，人事部、原国务院电子信息系统推广应用办公室发布的《关于印发〈中国计算机软件专业技术资格和水平考试暂行规定〉的通知》（人职发〔1991〕6号）和人事部《关于非在职人员计算机软件专业技术资格证书发放问题的通知》（人职发〔1994〕9号）即行废止。

中华人民共和国　　中华人民共和国
人　事　部　　　信 息 产 业 部

二〇〇三年十月十八日

计算机技术与软件专业技术资格（水平）考试暂行规定

第一条 为适应国家信息化建设的需要，加强计算机技术与软件专业人才队伍建设，促进我国计算机应用技术和软件产业的发展，根据国务院《振兴软件产业行动纲要》以及国家职业资格证书制度的有关规定，制定本规定。

第二条 本规定适用于社会各界从事计算机应用技术、软件、网络、信息系统和信息服务等专业技术工作的人员。

第三条 计算机技术与软件专业技术资格（水平）考试（以下简称计算机专业技术资格（水平）考试），纳入全国专业技术人员职业资格证书制度统一规划。

第四条 计算机专业技术资格（水平）考试工作由人事部、信息产业部共同负责，实行全国统一大纲、统一试题、统一标准、统一证书的考试办法。

第五条 人事部、信息产业部根据国家信息化建设和信息产业市场需求，设置并确定计算机专业技术资格（水平）考试专业类别和资格名称。

计算机专业技术资格（水平）考试级别设置：初级资格、中级资格和高级资格3个层次。

第六条 信息产业部负责组织专家拟订考试科目、考试大纲和命题，研究建立考试试题库，组织实施考试工作和统筹规划培训等有关工作。

第七条 人事部负责组织专家审定考试科目、考试大纲和试题，会同信息产业部对考试进行指导、监督、检查，确定合格标准。

第八条 凡遵守中华人民共和国宪法和各项法律，恪守职业道德，具有一定计算机技术应用能力的人员，均可根据本人情况，报名参加相应专业类别、级别的考试。

第九条 计算机专业技术资格（水平）考试合格者，由各省、自治区、直辖市人事部门颁发人事部统一印制，人事部、信息产业部共同用印的《中华人民共和国计算机专业技术资格（水平）证书》。该证书在全国范围有效。

第十条 通过考试并获得相应级别计算机专业技术资格（水平）证书的人员，表明其已具备从事相应专业岗位工作的水平和能力，用人单位可根据《工程技术人员职务试行条例》有关规定和工作需要，从获得计算机专业技术资格（水平）证书的人员中择优聘任相应专业技术职务。

取得初级资格可聘任技术员或助理工程师职务；取

得中级资格可聘任工程师职务；取得高级资格可聘任高级工程师职务。

第十一条 计算机专业技术资格（水平）实施全国统一考试后，不再进行计算机技术与软件相应专业和级别的专业技术职务任职资格评审工作。

第十二条 计算机专业技术资格（水平）证书实行定期登记制度，每3年登记一次。有效期满前，持证者应按有关规定到信息产业部指定的机构办理登记手续。

第十三条 申请登记的人员应具备下列条件：

（一）取得计算机专业技术资格（水平）证书；

（二）职业行为良好，无犯罪记录；

（三）身体健康，能坚持本专业岗位工作；

（四）所在单位考核合格。

再次登记的人员，还应提供接受继续教育或参加业务技术培训的证明。

第十四条 对考试作弊或利用其他手段骗取《中华人民共和国计算机专业技术资格（水平）证书》的人员，一经发现，即行取消其资格，并由发证机关收回证书。

第十五条 获准在中华人民共和国境内就业的外籍人员及港、澳、台地区的专业技术人员，可按照国家有关政策规定和程序，申请参加考试和办理登记。

第十六条 在本规定施行日前，按照《中国计算机软件专业技术资格和水平考试暂行规定》（人职发〔1991〕6号）参加考试并获得人事部印制、人事部和信息产业部共同用印的《中华人民共和国专业技术资格证书》(计算机软件初级程序员、程序员、高级程序员资格)和原中国计算机软件专业技术资格(水平)考试委员会统一印制的《计算机软件专业水平证书》的人员,其资格证书和水平证书继续有效。

第十七条 本规定自2004年1月1日起施行。

计算机技术与软件专业技术资格（水平）考试实施办法

第一条 计算机技术与软件专业技术资格（水平）考试（以下简称计算机专业技术资格（水平）考试）在人事部、信息产业部的领导下进行，两部门共同成立计算机专业技术资格（水平）考试办公室（设在信息产业部），负责计算机专业技术资格（水平）考试实施和日常管理工作。

第二条 信息产业部组织成立计算机专业技术资格（水平）考试专家委员会，负责考试大纲的编写、命题、建立考试试题库。

具体考务工作由信息产业部电子教育中心（原中国计算机软件考试中心）负责。各地考试工作由当地人事行政部门和信息产业行政部门共同组织实施，具体职责分工由各地协商确定。

第三条 计算机专业技术资格（水平）考试原则上每年组织两次，在每年第二季度和第四季度举行。

第四条 根据《计算机技术与软件专业技术资格（水平）考试暂行规定》（以下简称《暂行规定》）第五

条规定，计算机专业技术资格（水平）考试划分为计算机软件、计算机网络、计算机应用技术、信息系统和信息服务5个专业类别，并在各专业类别中分设了高、中、初级专业资格考试，详见《计算机技术与软件专业技术资格（水平）考试专业类别、资格名称和级别层次对应表》（附后）。人事部、信息产业部将根据发展需要适时调整专业类别和资格名称。

考生可根据本人情况选择相应专业类别、级别的专业资格（水平）参加考试。

第五条 高级资格设：综合知识、案例分析和论文3个科目；中级、初级资格均设：基础知识和应用技术2个科目。

第六条 各级别考试均分2个半天进行。

高级资格综合知识科目考试时间为2.5小时，案例分析科目考试时间为1.5小时、论文科目考试时间为2小时。

初级和中级资格各科目考试时间均为2.5小时。

第七条 计算机专业技术资格（水平）考试根据各级别、各专业特点，采取纸笔、上机或网络等方式进行。

第八条 符合《暂行规定》第八条规定的人员，由本人提出申请，按规定携带身份证明到当地考试管理机构报名，领取准考证。凭准考证、身份证明在指定的时间、地点参加考试。

第九条 考点原则上设在地市级以上城市的大、中专院校或高考定点学校。

中央和国务院各部门所属单位的人员参加考试,实行属地化管理原则。

第十条 坚持考试与培训分开的原则,凡参与考试工作的人员,不得参加考试及与考试有关的培训。

应考人员参加培训坚持自愿的原则。

第十一条 计算机专业技术资格(水平)考试大纲由信息产业部编写和发行。任何单位和个人不得盗用信息产业部名义编写、出版各种考试用书和复习资料。

第十二条 为保证培训工作健康有序进行,由信息产业部统筹规划培训工作。承担计算机专业技术资格(水平)考试培训的机构,应具备师资、场地、设备等条件。

第十三条 计算机专业技术资格(水平)考试、登记、培训及有关项目的收费标准,须经当地价格行政部门核准,并向社会公布,接受群众监督。

第十四条 考务管理工作要严格执行考务工作的有关规章和制度,切实做好试卷的命制、印刷、发送和保管过程中的保密工作,遵守保密制度,严防泄密。

第十五条 加强对考试工作的组织管理,认真执行考试回避制度,严肃考试工作纪律和考场纪律。对弄虚作假等违反考试有关规定者,要依法处理,并追究当事人和有关领导的责任。

附表（已按国人厅发〔2007〕139号文件更新）

计算机技术与软件专业技术资格（水平）考试专业类别、资格名称和级别对应表

资格名称级别层次 专业类别	计算机软件	计算机网络	计算机应用技术	信息系统	信息服务
高级资格	\multicolumn{5}{c}{·信息系统项目管理师　·系统分析师　·系统架构设计师　·网络规划设计师　·系统规划与管理师}				
中级资格	·软件评测师 ·软件设计师 ·软件过程能力评估师	·网络工程师	·多媒体应用设计师 ·嵌入式系统设计师 ·计算机辅助设计师 ·电子商务设计师	·系统集成项目管理工程师 ·信息系统监理师 ·信息安全工程师 ·数据库系统工程师 ·信息系统管理工程师	·计算机硬件工程师 ·信息技术支持工程师
初级资格	·程序员	·网络管理员	·多媒体应用制作技术员 ·电子商务技术员	·信息系统运行管理员	·网页制作员 ·信息处理技术员

主题词：**专业技术人员 考试 规定 办法 通知**

抄送：党中央各部门、全国人大常委会办公厅、全国政协办公厅、国务院办公厅、高法院、高检院、解放军各总部。

人事部办公厅　　　　　　　　2003 年 10 月 27 日印发

全国计算机软件考试办公室文件

软考办〔2005〕1号

关于中日信息技术考试标准互认有关事宜的通知

各地计算机软件考试实施管理机构:

为进一步加强我国信息技术人才培养和选拔的标准化,促进国际间信息技术人才的流动,推动中日两国信息技术的交流与合作,信息产业部电子教育中心与日本信息处理技术人员考试中心,分别受信息产业部、人事部和日本经济产业省委托,就中国计算机技术与软件专业技术资格(水平)考试与日本信息处理技术人员考试(以下简称中日信息技术考试)的考试标准,于2005年3月3日再次签署了《关于中日信息技术考试标准互认的协议》,在2002年签署的互认协议的基础上增加了网络工程师和数据库系统工程师的互认。现就中日信息技术考试标准互认中的有关事宜内容通知如下:

一、中日信息技术考试标准互认的级别如下:

中国的考试级别 （考试大纲）	日本的考试级别 （技能标准）
系统分析师	系统分析师 项目经理 应用系统开发师
软件设计师	软件开发师
网络工程师	网络系统工程师
数据库系统工程师	数据库系统工程师
程序员	基本信息技术师

二、采取灵活多样的方式，加强对中日信息技术考试标准互认的宣传，不断扩大考试规模，培养和选拔更多的信息技术人才，以适应日益增长的社会需求。

三、根据国内外信息技术的迅速发展，继续加强考试标准的研究与更新，提高考试质量，进一步树立考试的品牌。

四、鼓励相关企业以及研究、教育机构，充分利用中日信息技术考试标准互认的新形势，拓宽信息技术领域国际交流合作的渠道，开展多种形式的国际交流与合作活动，发展对日软件出口。

五、以中日互认的考试标准为参考，引导信息技术领域的职业教育、继续教育改革，使其适应新形势下的职业岗位实际工作要求。

二〇〇五年三月八日

全国计算机软件考试办公室文件

软考办〔2006〕2号

关于中韩信息技术考试标准互认有关事宜的通知

各地计算机软件考试实施管理机构：

为加强我国信息技术人才培养和选拔的标准化，促进国际间信息技术人才的流动，推动中韩两国间信息技术的交流与合作，信息产业部电子教育中心与韩国人力资源开发服务中心，分别受信息产业部和韩国信息与通信部的委托，对中国计算机技术与软件专业技术资格（水平）考试与韩国信息处理技术人员考试（以下简称中韩信息技术考试）的考试标准进行了全面、认真、科学的分析比较，于2006年1月19日签署了《关于中韩信息技术考试标准互认的协议》，实现了程序员、软件设计师考试标准的互认，现将中韩信息技术考试标准互认的有关事宜通知如下：

一、中韩信息技术考试标准互认的级别如下：

中国的考试级别 （考试大纲）	韩国的考试级别 （技能标准）
软件设计师	信息处理工程师
程序员	信息处理产业工程师

二、各地应以中韩互认的考试标准为参考，积极引导信息技术领域的职业教育发展，使其适应新形势下的职业岗位的要求。

三、鼓励相关企业以及研究、教育机构，充分利用中韩信息技术考试标准互认的新形势，拓宽信息技术领域国际交流合作的渠道，开展多种形式的国际交流与合作活动，发展对韩软件出口。

四、根据国内外信息技术的迅速发展，加强考试标准的研究与更新，提高考试质量，进一步树立考试的品牌。

五、各地应采取灵活多样的方式，加强对中韩信息技术考试标准互认的宣传，不断扩大考试规模，培养和选拔更多的信息技术人才，以适应日益增长的社会需求。

二〇〇六年二月五日

全国计算机技术与软件专业技术资格(水平)考试简介

全国计算机技术与软件专业技术资格(水平)考试(简称计算机软件考试)是在人力资源和社会保障部、工业和信息化部领导下的国家考试,其目的是,科学、公正地对全国计算机技术与软件专业技术人员进行职业资格、专业技术资格认定和专业技术水平测试。

计算机软件考试在全国范围内已经实施了二十多年,年考试规模已超过三十万人。该考试由于其权威性和严肃性,得到了社会及用人单位的广泛认同,并为推动我国信息产业特别是软件产业的发展和提高各类 IT 人才的素质做出了积极的贡献。

根据人事部、信息产业部文件(国人部发〔2003〕39号),计算机软件考试纳入全国专业技术人员职业资格证书制度的统一规划。通过考试获得证书的人员,表明其已具备从事相应专业岗位工作的水平和能力,用人单位可根据工作需要从获得证书的人员中择优聘任相应专业技术职务(技术员、助理工程师、工程师、高级工程师)。计算机技术与软件专业实施全国统一考试后,不再进行相应专业技术职务任职资格的评审工作。因此，这种考试既是职业资格考试，又是专业技术资格考试。报考任何级别不需要学历、资历条件，考生可根据自己熟悉的专业情况和水平选择适当的级别报考。程序员、软件设计师、系统分析师、网络工程师、数据库系统工程师的考试标准已与日本相应级别实现互认，程序员和软件设计师的考试标准还实现了中韩互认，以后还将扩大考试互认的级别以及互认的国家。

本考试分 5 个专业类别：计算机软件、计算机网络、计算机应用技术、信息系统和信息服务。每个专业又分 3 个层次：高级资格（高级工程师）、中级资格（工程师）、初级资格（助理工程师、技术员）。对每个专业、每个层次，设置了若干个资格（或级别）。

考试合格者将颁发由人力资源和社会保障部、工业和信息化部用印的计算机技术与软件专业技术资格（水平）证书。

本考试每年分两次举行。每年上半年和下半年考试的级别不尽相同。考试大纲、指定教材、辅导用书由全国计算机专业技术资格考试办公室组编陆续出版。

关于考试的具体安排、考试用书、各地报考咨询联系方式等都在网站 www.ruankao.org.cn 公布。在该网站上还可以查询证书的有效性。

程序员考试大纲

一、考试说明

1．考试目标

通过本考试的合格人员能根据软件开发项目管理和软件工程的要求，按照程序设计规格说明书编制并调试程序，写出相应的程序文档，产生符合标准规范的、实现设计要求的、能正确可靠运行的程序。具有助理工程师（或技术员）的实际工作能力和业务水平。

2．考试要求

（1）掌握数制及其转换、数据的机内表示、算术和逻辑运算、应用数学的基础知识；

（2）了解计算机的组成以及各主要部件性能指标；

（3）掌握操作系统、程序设计语言的基础知识；

（4）熟练掌握基本数据结构和常用算法；

（5）熟练掌握一种结构化程序设计语言（C语言）和一种面向对象程序设计语言（C++或 Java）；

（6）熟悉数据库和网络基础知识；

（7）了解软件工程的基础知识、软件过程基本知识、软件开发项目管理的基本概念；

（8）了解常用信息技术标准、安全性以及有关法律、法规的基础知识；

（9）了解信息化及计算机应用的基础知识；

（10）正确阅读和理解计算机领域的简单英文资料。
3．考试科目设置
（1）计算机与软件工程基础知识，考试时间为 150 分钟；
（2）程序设计，考试时间为 150 分钟。

二、考 试 范 围

考试科目 1：计算机与软件工程基础知识

1. 计算机科学基础
   1.1 数制及其转换
      - 二进制、八进制、十进制和十六进制等数制及其相互转换
   1.2 数据的表示
      - 数的表示
      - 非数值数据的表示
   1.3 算术运算和逻辑运算
      - 计算机中二进制数的运算方法
      - 逻辑代数的基本运算
   1.4 数学应用
      - 常用数值计算（矩阵、近似求解、插值）
      - 排列组合、应用统计
      - 编码基础
   1.5 常用数据结构
      - 数组
      - 线性表及链表
      - 队列、栈

- 树
- 图

1.6 常用算法
- 算法与数据结构的关系
- 算法设计和算法描述
- 常用的排序算法
- 查找方法
- 常用的数值计算方法
- 字符串处理算法
- 递归算法
- 最小生成树、拓扑排序和单源点最短路径求解算法

2. 计算机系统基础知识

2.1 硬件基础知识

2.1.1 计算机的类型和特点
- 微型计算机、工作站、服务器、超级计算机
- 个人移动设备
- 嵌入式计算机

2.1.2 中央处理器（CPU）
- CPU 的组成
- CPU 中的寄存器
- 指令系统和寻址方式
- 指令执行控制、中断控制、处理机性能

2.1.3 主存和辅存
- 存储介质
- 主存
- 高速缓存（Cache）

- 辅存设备

2.1.4 I/O 接口、I/O 设备和通信设备
- I/O 接口的功能和特点
- 常见 I/O 设备
- 常见通信设备
- I/O 设备、通信设备的连接方法和连接介质类型

2.2 软件基础知识

2.2.1 操作系统基础知识
- 操作系统的类型和功能
- 处理机管理
- 存储管理
- 设备管理
- 文件管理
- 作业管理（作业调度算法）
- 图形用户界面和操作方法

2.2.2 程序设计语言和语言处理程序的基础知识
- 语言翻译基础知识（汇编、编译、解释）
- 程序设计语言的基本成分：数据、运算、控制和传输
- 程序语言类型和特点

2.3 网络基础知识
- 协议体系结构
- 传输介质与交换技术
- 常用网络设备与服务器
- 局域网络连接

- Internet 基础知识
- TCP/IP 协议
- 简单网络管理

2.4 数据库基础知识
- 数据库系统基本概念
- 关系数据库理论
- 数据库设计
- 数据库语言
- 数据库新技术（非关系型数据库等）

2.5 多媒体基础知识
- 多媒体基本概念
- 常用多媒体文件格式类型

2.6 系统性能指标
- 响应时间、吞吐量、周转时间
- 可靠性、可维护性、可扩展性、可移植性、可用性、可重用性、安全性

2.7 计算机应用基础知识
- 常用办公软件操作方法
- 计算机在信息管理、数据处理、辅助设计、自动控制、科学计算、人工智能等领域的应用

3. **系统开发和运行**

3.1 软件工程和项目管理基础知识
- 软件工程基础知识
- 软件开发项目管理基本概念
- 软件开发方法基本概念

- 软件开发工具与环境基础知识
- 软件质量管理基础知识

3.2 系统分析和设计基础知识
- 数据流图（DFD）、实体联系图（ER图）、UML图基础知识
- 结构化分析和设计方法
- 面向对象分析与设计方法
- 模块设计、代码设计、人机界面设计基础知识

3.3 程序设计基础知识
- 结构化程序设计基本概念
- 面向对象程序设计基本概念
- 程序设计风格

3.4 程序测试基础知识
- 程序测试的目的、原则、对象、过程与工具
- 黑盒测试、白盒测试方法
- 测试设计和管理

3.5 程序设计文档基础知识
- 算法的描述、程序逻辑的描述、程序规格说明书
- 单元测试计划、测试用例、测试报告

3.6 系统运行和维护基础知识
- 系统运行管理基础知识
- 系统维护基础知识

4. **网络与信息安全基础知识**
- 信息安全基础

- 信息安全技术（加密与解密、认证、数字签名、摘要等）
- 网络安全技术
- 计算机安全等级及相关法律法规

5. **标准化与知识产权基础知识**
   - 标准化基础知识
   - 知识产权基础知识（保护知识产权有关的法律、法规）

6. **信息化基础知识**
   - 信息、信息资源、信息化、信息工程、信息产业、信息技术的含义
   - 全球信息化趋势、国家信息化战略、企业信息化战略和策略常识
   - 有关的法律、法规要点

7. **计算机专业英语**
   - 具有助理工程师（或技术员）英语阅读水平
   - 理解本领域英语基本词汇

考试科目 2：程序设计

1. **算法设计与实现**
   1.1 理解算法描述
   1.2 简单算法设计
   1.3 算法实现

2. **程序设计**
   2.1 模块划分（原则、方法、标准）
   2.2 编写程序设计文档

- 模块规格说明书（程序处理逻辑、输入输出数据格式）
- 测试要求说明书（测试类型和目标、测试用例、测试方法）

2.3 程序设计评审

3. 程序实现与测试

3.1 编程
- 编程方法和编码规范
- 编程语言的选择和使用
- 人工走查
- 程序文档化

3.2 程序测试
- 测试环境和测试工具的选择和使用
- 测试数据的设计
- 测试报告的编写

4. 程序设计语言

4.1 结构化程序设计
- C语言

4.2 面向对象程序设计
- C++或Java语言

三、题型举例

考试科目1：计算机与软件工程基础知识

1. 某公司有几个地区销售业绩如下表所示，若在B7单元格中输入__(1)__，则该单元格的值为销售业绩为负数的地区数。

	A	B
1	地区	销售业绩（万）
2	东部	3578
3	西部	2378
4	北部	-568
5	南部	0
6	中西部	936

(1) A．COUNTIF(B2:B6,"<=0")

　　B．COUNTA(B2:B6,"<=0")

　　C．=COUNTIF(B2:B6,"<=0")

　　D．=COUNTA(B2:B6,"<=0")

2．在以下关于电子邮件的叙述中，__(2)__是不正确的。

(2) A．打开来历不明的电子邮件附件可能会传染计算机病毒

　　B．在网络拥塞的情况下，发送电子邮件后，接收者可能过几个小时后才能收到

　　C．在试发电子邮件时，可向自己的 E-mail 邮箱发送一封邮件

　　D．电子邮箱的容量指的是用户当前使用的计算机上，分配给电子邮箱的硬盘容量

3．某数值编码为 FFH，若它所表示的真值为-1，则它是用__(3)__表示的。

(3) A．原码　　B．反码　　C．补码　　D．移码

4．堆栈最常用于__(4)__。

(4) A．实现数据循环移位

B．实现程序转移
C．保护被中断程序的现场
D．数据的输入输出缓冲存储器

5．对于一个具有容错能力的系统，__(5)__是错误的。

(5) A．通过硬件冗余来设计系统，可以提高容错能力

B．在出现一般性故障时，具有容错能力的系统可以继续运行

C．容错能力强的系统具有更高的可靠性

D．容错是指允许系统运行时出现错误的处理结果

6．CPU 执行程序时，需要从内存中读取指令，这就需要读取 __(6)__ 的内容以便获取指令在内存的地址。

(6) A．指令寄存器　　　　B．程序计数器（PC）
C．标志寄存器　　　　D．变址寄存器

7．DoS 攻击的目的是 __(7)__ 。

(7) A．获取合法用户的口令和账号

B．使计算机和网络无法提供正常的服务

C．远程控制别人的计算机

D．监听网络上传输的所有信息

8．已知有 n 个进程共享一个互斥段，如果最多允许 m 个进程（m<n）同时进入互斥段，则信号量的变化范围是__(8)__。

(8) A．–m～1　　　　　　B．–m～0
C．–(n–m)～m　　　　D．–(m–1)～n

9．甲程序员为乙软件设计师开发的应用程序编写了使用说明书，并已交付用户使用，__(9)__该应用软件的软件著作权。

(9) A．甲程序员享有

B．乙软件设计师享有

C．甲程序员不享有

D. 甲程序员和乙软件设计师共同享有

10. 可视化编程是指 (10) 。

(10) A. 在开发阶段就可看到应用系统的运行界面
B. 无须编写程序代码就可完成应用系统的开发
C. 在开发阶段可跟踪程序代码的执行全过程
D. 在运行阶段可跟踪程序代码的执行过程

11. 编写 C 程序时通常为了提高可读性而加入注释,注释并不参与程序的运行过程。通常,编译程序在 (11) 阶段就会删除源程序中的注释。

(11) A. 词法分析　　　　B. 语法分析
C. 语义分析　　　　D. 代码优化

12. 在以下情形中, (12) 适合于采用队列数据结构。

(12) A. 监视一个火车票售票窗口等待服务的客户
B. 描述一个组织中的管理机构
C. 统计一个商场中的顾客数
D. 监视进入某住宅楼的访客

13. 从未排序的序列中依次取出一个元素与已排序序列中的元素进行比较,然后将其放在已排序序列的合适位置上,该排序方法称为 (13) 。

(13) A. 插入排序　　　　B. 选择排序
C. 希尔排序　　　　D. 归并排序

14. 设数组 a[0..n-1,0..m-1] (n>1,m>1) 中的元素以行为主序存放,每个元素占用 4 个存储单元,则数组元素 a[i,j] (0≤i<n, 0≤j<m) 的存储位置相对于数组空间首地址的偏移量为 (14) 。

(14) A. (j*m+i)*4　　　B. (i*m+j)*4
C. (j*n+i)*4　　　D. (i*n+j)*4

15. 在面向对象程序设计语言中, (15) 是利用可重用成分构造软件系统的最有效的特性，它不仅支持系统的可重用性，而且还有利于提高系统的可扩充性；__(16)__可以实现发送一个通用的消息而调用不同的方法。

(15) A. 封装　　　　　　　　B. 消息传递
　　 C. 引用　　　　　　　　D. 继承
(16) A. 封装　　　　　　　　B. 多态
　　 C. 引用　　　　　　　　D. 继承

16. 源程序清单是在软件生存周期的__(17)__阶段产生的文档。

(17) A. 软件概要设计　　　　B. 软件编码
　　 C. 软件详细设计　　　　D. 软件测试

17. 已知函数 f()、g()的定义如下所示，调用函数 f 时传递给形参 x 的值是 5。若 g(a)采用引用调用（call by reference）方式传递参数，则函数 f 的返回值为__(18)__。其中，表达式"x>>1"的含义是将 x 的值右移 1 位，相当于 x 除以 2。

```
f(int x)
int a = x>>1;
g(a);
return a+x;
```

```
g(int x)
x = x*(x+1);
return;
```

(18) A. 35　　　B. 32　　　C. 11　　　D. 7

18. 某宾馆有 200 间标准客房，其入住率与客房单价有关。根据历史统计，客房最高单价为 160 元时入住率为 50%，单价每降低 1 元，入住率就会增加 0.5%。据此，选定价格为__(19)__时，宾馆每天的收入最大。

(19) A. 120 元　　　　　　　B. 130 元
　　 C. 140 元　　　　　　　D. 150 元

19. 在 HTML 文件中，<b>标签的作用是__(20)__。
(20) A. 换行　　　　　　　　B. 增大字体

C．加粗　　　　　　　　D．锚

20．浏览器与 WWW 服务器之间传输信息时使用的协议是__(21)__。

(21) A．HTTP　　　　　　B．HTML
　　　C．FTP　　　　　　　D．SNMP

21．Insufficient __(22)__ can cause a processor to work at 50% or even more below its performance potential.

(22) A．mouse　　　　　　B．I/O
　　　C．document　　　　 D．memory

考试科目 2：程序设计

试题一（共 15 分）

阅读以下说明和流程图，回答问题 1 和问题 2，将解答填入答题纸的对应栏内。

【说明】

为便于管理，每本正式出版的图书都印有国际标准书号。标准书号由"ISBN"和 13[注]个数字组成，其格式为：ISBN 组号-出版者号-书名号-校验码。其中，校验码是根据前面 9 个数字计算得到的，用于计算机自动校验。假设标准书号的 10 个数字依次是 a(1),a(2),…,a(10)，则校验码 a(10) 的设置应使 S=10×a(1)+9×a(2)+8×a(3)+…+1×a(10) 能被 11 整除。如果校验码 a(10) 应设置成 10，则规定以"X"表示之。例如，信息处理技术员考试大纲的标准书号为：ISBN 7-302-11191-X。第 1 段上的数字"7"是国际 ISBN 中心分配给中国 ISBN 中心管理的组号。第 2 段上的"302"表示清华

[注] 现在的 ISBN 是由 13 个数组成。10 个数字的是旧标准，但作为例子，解答思路是一样的。

大学出版社。标准书号的校验过程如图 1-1 所示，计算校验码的过程如图 1-2 所示，其中，Mod(S,11)表示 S 除以 11 得到的余数。

【问题 1】

请填补流程图中的空缺（1）～（4）。

【问题 2】

设《程序员考试大纲》标准书号前 9 位（除前 3 位图书代码）数字为 7-302-08493，请写出其校验码。

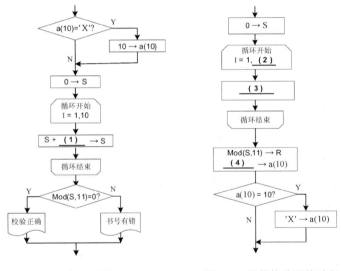

图 1-1 校验过程　　　图 1-2 计算校验码的过程

试题二（共 15 分）

阅读以下说明和 C 程序,将解答填入答题纸的对应栏内。

【说明】

下面待修改的 C 程序完成的功能是：对于给定的一个长

正整数，从其个位数开始，每隔一位取一个数字（即取其个位、百位、万位等数字），形成一个新的整数并输出。例如，将该程序修改正确后，运行时若输入"14251382"，则输出的整数为"4532"。

下面给出的C程序代码中有5个错误,请指出所有的错误。

【C程序】

行号	代码
01	#include <stdio.h>
02	
03	int main()
04	{
05	long n, num;
06	int i;
07	
08	do {
09	printf("请输入一个正整数：");
10	scanf("%ld",n);
11	}while(n <= 0);
12	k = 1;
13	for (i = 1; n >= 0; i++) {
14	if (i % 2 = 1) {
15	num = num + (n % 10) * k;
16	k = k * 10;
17	}
18	n = n / 10;
19	}
20	printf("新数据为：%ld \n",num);
21	return 0;
22	}

试题三（共 15 分）

阅读以下说明和 C 程序，将解答填入答题纸的对应栏内。

【说明】

某种传感器的输出值 Ratio 依赖于环境温度 temp（$-40℃ \leq temp \leq 50℃$）。对一组环境温度值，人们已经测量得到了相应的 Ratio 值（见表3-1）。该表粗略地描述了曲线 Ratio(temp)。

表3-1 曲线 Ratio(temp)的列表值

环境温度 temp/℃	传感器的输出值 Ratio	环境温度 temp/℃	传感器的输出值 Ratio
−40	0.20	10	1.17
−20	0.60	30	1.50
−10	0.80	50	1.80
0	1.00		

校正系数 K 是 Ratio 的倒数，因此也依赖于环境温度 temp。在数据处理中，人们需要用更多的列表值细致地描述曲线 K(temp)，如表 3-2 所示。在表 3-2 中，各温度值所对应的 K 值是对表 3-1 进行线性插值再求倒数得到的，具体的计算方法如下：

表3-2 曲线 K(temp)的列表值

环境温度 temp/℃	校正系数 K	环境温度 temp/℃	校正系数 K
−40	5.00	−19	1.61
−39	4.55	...	...
−38	4.17	−10	1.25
−37	3.85	−9	1.22
...	...	...	...
−20	1.67	50	0.56

（1）根据 temp 值，在表 3-1 中用二分法查找；

（2）若找到相应的温度值，则按相应的 Ratio 值求倒数得到 K 值；

（3）若没找到相应的温度值，则可确定 temp 所在的温度区间[Tp1，Tp2]，同时获得了相应的 Ratio1 和 Ratio2，再按如下公式计算 K 值：

Step = (Ratio1-Ratio2) / (Tp1-Tp2)

K = 1.0 / (Ratio1 + Step*(temp - Tp1))

在程序中，当 temp 高于 50℃或低于-40℃时，设定 K=0。

【C 程序】

```
#include<stdio.h>
typedef struct {
  int temp;           /*环境温度*/
  double ratio;       /*传感器的输出值*/
}CURVE;

#define ITEMS  7
double getK(int, CURVE *, int);

int main(void)
{
    int degree;
    double k;
    CURVE curve[ITEMS] = {  {-40,0.2},{-20,0.60},
    {-10,0.8},{0,1.0},{10,1.17},{30,1.50},
    {50,1.8}  };
    printf("环境温度      校正系数\n");
    for( degree = -40; degree <= 50; degree++ ) {
        k = getK(degree, curve, ITEMS);
```

```
            printf("  %3d   %4.2f \n",degree,k);
    }
}

double getK(int temp, CURVE *p, int n)
{  /*用二分法在 n 个元素的有序表 p 中查找与 temp 对应的传
     感器输出值*/
    int low,high,m; double step;
    low = 0;  high = n-1;
    if ( ·(temp < p->temp) ||( temp > (p+high)->
    temp) )
        return 0.0;    //超出温度范围时返回 0.0
    while (low <= high) {
        m = ____(1)____ ;
        if(temp ==(p+m)->temp)
            return ____(2)____ ;
        if(temp<(p+m)->temp)high = m-1;
        else low = ____(3)____ ;
    }
    p += high;
    step = (____(4)____) / ((p+1)->temp - p->temp);
    return 1.0/(p->ratio +step * (____(5)____));
}
```

试题四（共 15 分）

阅读以下说明和代码，填补代码中的空缺，将解答填入答题纸的对应栏内。

【说明】

图是很多领域中的数据模型，遍历是图的一种基本运算。从图中某顶点 v 出发进行广度优先遍历的过程是：

① 访问顶点 v；

② 访问 v 的所有未被访问的邻接顶点 $w_1, w_2, \cdots, w_k$；

③ 依次从这些邻接顶点 $w_1, w_2, \cdots, w_k$ 出发，访问其所有未被访问的邻接顶点；依此类推，直到图中所有访问过的顶点的邻接顶点都得到访问。

显然，上述过程可以访问到从顶点 v 出发且有路径可达的所有顶点。对于从 v 出发不可达的顶点 u，可从顶点 u 出发再次重复以上过程，直到图中所有顶点都被访问到。

例如，对于图 4-1 所示的有向图 G，从 a 出发进行广度优先遍历，访问顶点的一种顺序为 a、b、c、e、f、d。

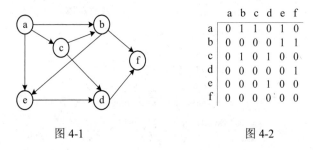

图 4-1   图 4-2

设图 G 采用数组表示法（即用邻接矩阵 arcs 存储），元素 arcs[i][j]定义如下：

$$arcs[i][j] = \begin{cases} 1 & \text{若} G \text{中存在边}(v_i, v_j)\text{或弧} <v_i, v_j> \\ 0 & \text{若} G \text{中不存在边}(v_i, v_j)\text{或弧} <v_i, v_j> \end{cases}$$

图 4-1 的邻接矩阵如图 4-2 所示，顶点 a～f 对应的编号依次为 0～5。因此，访问顶点 a 的邻接顶点的顺序为 b、c、e。

函数 BFSTraverse(Graph G)利用队列实现图 G 的广度优先遍历。

相关的符号和类型定义如下：

```
#define MaxN   50          /*图中最多顶点数*/
typedef  int   AdjMatrix[MaxN][MaxN];

typedef struct {
    int vexnum, edgenum;/*图中实际顶点数和边（弧）数*/
    AdjMatrix   arcs;         /*邻接矩阵*/
}Graph;
typedef  int  QElemType;
enum {ERROR = 0; OK = 1};
```

代码中用到的队列运算的函数原型如表 4-1 所述，队列类型名为 QUEUE。

表 4-1　实现队列运算的函数原型及说明

函 数 原 型	说　　明
InitQueue(QUEUE *Q)	初始化一个空队列
isEmpty(QUEUE Q)	判断队列是否为空，是则为 1，否则为 0
EnQueue(QUEUE *Q, QElemType qe)	将元素 qe 加入队列
DeQueue(QUEUE *Q, QElemType *te)	从队列头部删除元素，并通过参数 te 带回其值

【代码】

```
int BFSTraverse(Graph G)
{//对图 G 进行广度优先遍历，图采用邻接矩阵存储
    unsigned char *visited;  //visited[]存储图
                              G 中各顶点的访问标志
                              //0 表示未访问
    int v, w, u;
    QUEUE Q;

    //申请存储顶点访问标志的空间，成功时将所申请空间初始
```

化为0
```
visited = (char *)calloc(G.vexnum, sizeof(char));
   if ( __(1)__ )
      return ERROR;

   __(2)__ ;                 //初始化Q为空队列
   for( v=0; v<G.vexnum; v++ ){
      if(!visited[v]){ //从顶点v出发进行广度优先遍历
         printf("%d ", v);//访问顶点v并将其加入队列
         visited[v] = 1;
         __(3)__ ;
         while ( !isEmpty(Q) ) {
            __(4)__ ;     //出队列并用u表示出队的元素
            for( w = 0; w < G.vexnum; w++ )
               if ( G.arcs[u][w]!=0&& __(5)__ ){
                     // w是u的邻接顶点且未访问过
                     printf("%d ", w);//访问顶点w
                     visited[w] = 1;
                     EnQueue(&Q, w);
               }
         }
      }
   }
   free(visited);
   return OK;
}//BFSTraverse
```

（从下列2题中任选1题解答）

试题五（共 15 分）

阅读以下说明和 Java 程序，填补代码中的空缺，将解答填入答题纸的对应栏内。

【说明】

以下 Java 代码实现一个简单的聊天室系统（ChatRoom System），多个用户（User）可以向聊天室（ChatRoom）发送消息，聊天室将消息展示给所有用户。类图如图 5-1 所示。

图 5-1 类图

【Java 代码】

```
class ChatRoom {
    public static void showMessage(User user,
    String message) {
        System.out.println("["+user.getName()+"] :"
        + message);
    }
}

class User {
    private String name;

    public String getName() {
        return name;
    }

    public void setName(String name) {
        this.name = name;
```

```java
    }

    public User(String name){
        (1) = name;
    }

    public void sendMessage(String message){
        (2) (this, message);
    }
}

public class ChatRoomSystem {
    public void startup() {
        User zhang = new User("John");
        User li = new User("Leo");

        zhang.sendMessage("Hi! Leo!");
        li.sendMessage("Hi! John!");
    }
    public void join(User user) {
        (3) ("Hello Everyone! I am" + user.getName());
    }
    public static void main(String[] args) {
        ChatRoomSystem crs = (4) ;
        crs.startup();
        crs.join( (5) ("Wayne") );
    }
}
/*
```

程序运行结果：

```
[John] : Hi! Leo!
[Leo] : Hi! John!
[Wayne] : Hello Everyone! I am Wayne
*/
```

试题六（共 15 分）

阅读下列说明和 C++代码，填补代码中的空缺，将解答填入答题纸的对应栏内。

【说明】

以下 C++代码实现一个简单的聊天室系统（ChatRoom System），多个用户（User）可以向聊天室（ChatRoom）发送消息，聊天室将消息展示给所有用户。类图如图 6-1 所示。

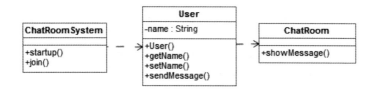

图 6-1 类图

【C++代码】

```
#include<iostream>
#include<string>
using namespace std;
class User {
private:
    string name;
public:
    User(string name){
        　(1)　 = name;
```

```cpp
    }
    ~User(){}
    void setName(string name){
        this->name = name;
    }
    string getName(){
        return name;
    }

    void sendMessage(string message);
};

class ChatRoom {
public:
    static void showMessage(User* user, string
    message) {
        cout<< "[" << user->getName() << "] : "
        << message << endl;
    }
};

void User::sendMessage(string message) {
      (2)  (this, message);
}

class ChatRoomSystem {
public:
    void startup() {
        User* zhang = new User("John");
        User* li = new User("Leo");

        zhang->sendMessage("Hi! Leo!");
```

```
            li->sendMessage("Hi! John!");
    }

    void join(User* user) {
        __(3)__ ("Hello Everyone! I am " + user->
        getName());
    }
};

int main() {
    ChatRoomSystem* crs = __(4)__;
    crs->startup();
    crs->join( __(5)__ ("Wayne"));
    delete crs;
}

/*
程序运行结果:
[John] : Hi! Leo!
[Leo] : Hi! John!
[Wayne] : Hello Everyone! I am Wayne
*/
```